ENTDECKUNGSREISE INS WELTALL

Eine Einführung in die Astronomie

Philipp Frühwirth

INHALT

WAS IST ASTRONOMIE UND WARUM IST SIE WICHTIG?

Astronomie ist die Wissenschaft, die sich mit der Untersuchung von Himmelskörpern, wie Planeten, Sternen und Galaxien, sowie den Gesetzen und Phänomenen, die das Universum regieren, beschäftigt. Es ist die älteste Wissenschaft, die von Menschen betrieben wird, und ihre Geschichte reicht bis mindestens 3000 v. Chr. zurück.

Astronomie ist wichtig, weil sie unser Verständnis des Universums und unserer Position darin erweitert und vertieft. Im Laufe der Geschichte hat die Astronomie dazu beigetragen, das Konzept unserer Weltanschauung zu verändern. Es hat uns geholfen, uns von der Idee zu lösen, dass die Erde das Zentrum des Universums ist, und uns gelehrt, dass wir ein winziger Teil eines enormen Kosmos sind. Die Astronomie lehrt uns, dass das Universum unglaublich groß ist und es viel mehr Sterne, Planeten und Galaxien gibt, als man sich überhaupt vorstellen kann.

Astronomie ist auch wichtig, weil sie dazu beiträgt, wichtige Fragen zu beantworten und Probleme zu lösen. Zum Beispiel hat die Astronomie uns geholfen, mehr über die Entstehung des Universums zu erfahren und mögliche Szenarien zu entwickeln, wie sich das Universum in der Zukunft verhalten könnte. Es hat uns auch geholfen, unsere Technologien zu verbessern, da die Entdeckungen der Astronomie oft die Grundlage für neue Technologien bilden. Zum Beispiel haben Entdeckungen in der Astronomie zur Entwicklung von Satelliten, GPS-Systemen und Teleskopen beigetragen, die zur Beobachtung anderer Planeten, Asteroiden und Galaxien genutzt werden.

Darüber hinaus hat Astronomie auch wichtige Beiträge

zur Entwicklung der Mathematik, Physik und anderen naturwissenschaftlichen Disziplinen geleistet. Entdeckungen in der Astronomie helfen uns, unser Verständnis von Gesetzen und Prinzipien der Physik und Mathematik zu festigen und diese auf andere Felder anzuwenden.

Insgesamt ist Astronomie eine unglaublich wichtige Wissenschaft, die uns hilft, unser Verständnis des Universums und unserer Welt zu erweitern. Es lehrt uns wichtige Lektionen über unsere Position in der Welt und hilft uns, unsere Technologien und unser wissenschaftliches Verständnis zu verbessern. Ohne die Astronomie wären wir uns der unendlichen Weite des Universums nicht bewusst.

DIE ENTSTEHUNG DES UNIVERSUMS: BIG BANG UND DIE ERSTEN STERNE

Die Entstehung des Universums ist eine der fundamentalsten Fragen der Menschheit und beschäftigt die Astronomie seit Jahrhunderten. Der derzeit anerkannte wissenschaftliche Ansatz zur Entstehung unseres Universums ist der sogenannte Big Bang.

Die Theorie besagt, dass das Universum vor etwa 13,8 Milliarden Jahren aus einem unendlich kleinen Punkt, dem sogenannten Urknall, entstanden ist. Dieser Punkt enthielt alle Materie und Energie, die im Universum vorhanden ist. Durch eine enorme Explosion dehnte sich das Universum aus und kühlte ab. Im Laufe der ersten Sekunden wurden Elementarteilchen und Atome gebildet, aus denen später Sterne und Galaxien entstanden.

Die ersten Sterne entstanden etwa 100 Millionen Jahre nach dem Urknall. Diese Sterne waren anders als die Sterne, die wir heute kennen. Sie waren viel massereicher und hatten eine sehr kurze Lebensdauer. Die Elemente, die sie produzierten, waren entscheidend für die Bildung von Planeten und letztendlich auch für das menschliche Leben.

Die ersten Sternentstehungen fanden in gewaltigen Gaswolken statt, die in Kollisionen zusammenstießen und dadurch dichter wurden. Dadurch erhöhte sich der Druck und die Temperatur in ihrem Inneren. Wenn diese Bedingungen erfüllt waren, begann der Prozess der Kernfusion. Durch diesen Prozess wurde Helium aus Wasserstoff erzeugt und gleichzeitig setzte die Freisetzung von enormen Energiemengen ein. Diese Energie wurde in Form von Licht in den Weltraum abgestrahlt und ermöglichte so die

Entstehung weiterer Sterne.

Die ersten Sterne verschwanden jedoch schnell wieder, da sie ihre Brennstoffvorräte innerhalb kurzer Zeit aufgebraucht hatten. Bei ihrem Tod explodierten sie in gigantischen Supernova-Explosionen und setzten dabei enorme Energiemengen frei. In diesem Prozess entstanden alle Elemente schwerer als Eisen im Universum und wurden somit für die Bildung von Sonnensystemen und deren Bewohnern, wie uns Menschen, essentiell.

In Zusammenfassung ist die Entstehung des Universums ein komplexer Prozess, der sich über Milliarden von Jahren erstreckte und die Grundlage für die Entstehung von Sternen und Planetensystemen bildete. Nur durch das Verständnis der frühen Entwicklungsphasen des Universums können wir unsere eigenen kosmischen Ursprünge verstehen und uns in das Verständnis der Welt einbringen, in der wir leben.

WIE WERDEN STERNE GEBOREN UND WIE LEBEN SIE?

Sterne haben eine faszinierende Geschichte und sind seit jeher ein wichtiger Bestandteil der Astronomie. Aber wie werden Sterne geboren und wie leben sie?

Sterne werden aus riesigen Gaswolken geboren, die sich durch Gravitationskraft zusammenziehen. Wenn eine Gaswolke eine gewisse Dichte erreicht, beginnt sie sich durch ihre eigene Schwerkraft zusammenzuziehen und zu erhitzen. Der Druck und die Temperatur im Inneren der Wolke steigen, bis bei einer Temperatur von etwa 10 Millionen Grad Celsius der Kernzusammenbruch stattfindet. Dies führt zur Entstehung eines Protosterns.

Der Protostern lebt von der Energie, die durch die Gravitationskraft entsteht, die ihn langsam immer dichter und heißer werden lässt. Wenn er eine bestimmte Dichte erreicht hat, beginnt die Kernfusion - der Prozess, bei dem Wasserstoffatome zu Helium fusionieren. Dies setzt immense Mengen an Energie frei und lässt den Stern enorm hell leuchten. Der Stern ist nun geboren und wird für viele Millionen Jahre leuchten.

Die Lebensdauer eines Sterns hängt von seiner Größe ab. Kleine Sterne, auch Rote Zwerge genannt, können bis zu 100 Milliarden Jahren leben, während größere Sterne wie die blauen Riesen nur wenige Millionen Jahre leben. Während dieser Zeit durchläuft ein Stern jedoch verschiedene Phasen, je nachdem wie viel Brennstoff er noch hat und wie sehr die Gravitation nach innen zieht.

In der ersten Phase fusioniert ein Stern Wasserstoff im Kern zu Helium und gibt dabei massenweise Energie frei. In der nächsten Phase werden schwerere Elemente wie Kohlenstoff und Sauerstoff im Kern zu noch schwereren Elementen fusioniert. Wenn ein Stern kein Brennstoff mehr hat und alle seine Schichten abgestoßen hat, die seine Kernfusion ermöglichen, wird er zu einer weißen Zwerg oder einem Neutronenstern.

Die Entstehung und das Leben der Sterne ist für die Astronomie aus vielen Gründen von großer Bedeutung. Zum einen erzeugen Sterne einige der schwereren Elemente, die für das Leben auf der Erde notwendig sind. Zum anderen ist das Studium der Sterne eine wichtige Methode, um unser Verständnis des Universums und seiner Entwicklung zu verbessern. Sterne können auch als kosmische Laboratorien dienen, in denen wir die Physik extrem heißer und dichter Materie studieren können.

Zusammenfassend lässt sich sagen, dass das Leben der Sterne für uns Menschen von großer Bedeutung ist und dass es uns helfen kann, unser Verständnis des Universums zu verbessern. Die Entstehung und der Lebenszyklus der Sterne sind faszinierende Prozesse, die uns helfen können, viele unserer grundlegenden Fragen zu beantworten.

GALAXIEN: WIE ENTSTEHEN SIE UND WIE WERDEN SIE KLASSIFIZIERT?

Galaxien sind die Hauptakteure des Universums. Sie beherbergen unzählige Sterne, Planeten und andere Fundstücke des Weltalls. Doch wie entstehen Galaxien eigentlich und wie werden sie klassifiziert?

Galaxien entstehen aus Gas und Staub, die sich aufgrund ihrer Schwerkraft zu einem kosmischen Wirbel zusammenziehen. Durch diesen Prozess sammelt sich das Gas und die Staubteilchen alle an einem Punkt und bilden einen Haufen, der immer dichter und dichter wird. Wenn die Masse dieser Konzentration ausreichend ist, beginnt sie zu kollabieren und es entsteht ein Protogalaxie. Diese enthalten riesige Wolken aus Gas und Staub, die wiederum zusammenfallen und die ersten Sterne bilden.

Die Klassifizierung von Galaxien ist ein komplexer Prozess. Es gibt viele verschiedene Ansätze, aber der bekannteste ist das System von Hubble. Dieses System ordnet Galaxien nach verschiedenen Eigenschaften in verschiedenen Typen ein. Diese Typen können aussehen wie Spiralgalaxien, elliptische Galaxien, irreguläre Galaxien und Linsenförmige Galaxien.

Die häufigsten Galaxien in unserem Universum sind die Spiralgalaxien. Diese zeichnen sich durch ihre spiralförmig gedrehten Arme aus, in denen sich die meisten Sterne und Planeten befinden. Elliptische Galaxien hingegen haben keine bestimmte Form, sondern sehen eher aus wie Eier oder Bohnen. Sie enthalten typischerweise viele alternde Sterne und wenig neugeborene Sterne. Irreguläre Galaxien sind hingegen unregelmäßig geformt und sehen chaotisch aus. Sie waren in der Vergangenheit oft in gravitative Interaktionen mit anderen Galaxien verwickelt. Linsenförmige Galaxien sind elliptisch geformte Galaxien, die von einem flachen ringförmigen Bereich umgeben sind.

Zusammenfassend ist die Entstehung von Galaxien ein faszinierender Prozess, der viele Fragen aufwirft. Die Klassifizierung von Galaxien ermöglicht es Wissenschaftlern, das Universum besser zu verstehen und seine Entwicklung im Laufe der Zeit zu verfolgen. Es bleibt noch viel zu erforschen und zu entdecken, während wir unser Verständnis von Galaxien und dem Universum als Ganzes vertiefen.

SCHWARZE LÖCHER: WAS SIND SIE UND WIE WIRKEN SIE SICH AUF IHRE UMGEBUNG AUS?

Schwarze Löcher sind eines der faszinierendsten Phänomene des Universums. Sie sind ein Bereich im Raum, der so extrem dicht ist, dass sie das Licht nicht passieren lassen und daher komplett schwarz erscheinen. Die Kräfte, die in einem schwarzen Loch am Werk sind, führen zu einigen der ungewöhnlichsten und am meisten verblüffenden Verhaltensweisen in der Astronomie. In diesem Kapitel werden wir erklären, was schwarze Löcher sind und wie sie sich auf ihre Umgebung auswirken.

Was sind schwarze Löcher?

Schwarze Löcher entstehen aus Sterne   , die am Ende ihres Lebens in sich zusammenbrechen. Wenn Sterne mit mindestens dreifacher Masse unserer Sonne zu einem bestimmten Punkt in ihrem Leben gelangen, an dem sie ihre nukleare Energieproduktion einstellen, kollabiert der Kern des Sterns unter seiner eigenen Schwerkraft. Wenn der Kern auf eine kritische Dichte zusammengedrückt wird, entsteht ein schwarzes Loch, was dazu führt, dass alle Materie, die sich ihm nähert, in eine unendliche Tiefe hineingezogen wird.

Wie wirken sich schwarze Löcher aus?

Schwarze Löcher haben eine sehr starke Gravitation. Wenn ein anderes Objekt in ihre Nähe kommt, wird es von der Gravitation des schwarzen Lochs angezogen und beginnt, in Richtung des schwarzen Lochs zu fallen. Die enorme Anziehungskraft des schwarzen Lochs wird durch den Bereich bestimmt, der als Ereignishorizont bezeichnet wird. Das ist der Punkt, ab dem die

Gravitation des schwarzen Lochs so stark ist, dass selbst das Licht gefangen und nicht mehr entweichen kann. Alles, was innerhalb des Ereignishorizonts gefangen ist, wird unaufhaltsam in das schwarze Loch hineingezogen.

Die Auswirkungen von schwarzen Löchern können sehr unterschiedlich sein. Wenn ein schwarzes Loch in einer Galaxie vorhanden ist, kann es das Verhalten von Sternen in der Nähe beeinflussen. Die Gravitation des schwarzen Lochs bewegt Sterne in der Nähe und verursacht oft seltsame Bahnen, die nicht erklärt werden können. Schwarze Löcher sind auch in der Lage, Materie aus ihrer unmittelbaren Umgebung einzusaugen. Während die Materie in das Loch fällt, wird sie in der Nähe des Horizonts sehr heiß und strahlt enorme Mengen an Strahlung aus. Diese Strahlung kann mit Teleskopen beobachtet werden und gibt Wissenschaftlern eine Möglichkeit, schwarze Löcher zu beobachten, selbst wenn sie selbst unsichtbar bleiben.

Fazit

Schwarze Löcher sind ein faszinierendes Phänomen, das uns zeigt, wie stark die Kräfte des Universums sein können. Sie sind für Forscher eine Chance, sich damit auseinanderzusetzen, wie das Universum funktioniert, und helfen dabei, die Grenzen unseres Wissens darüber, was im Weltraum vorgeht, zu erweitern. Wissenschaftler untersuchen immer noch die verschiedenen Aspekte von schwarzen Löchern, um zu verstehen, wie sie funktionieren und welche Auswirkungen sie auf das Universum haben.

DER SONNENSYSTEM: DIE PLANETEN UND IHRE EIGENSCHAFTEN

Das Sonnensystem umfasst acht Planeten, die alle unterschiedliche Eigenschaften und Merkmale aufweisen. Jeder Planet hat auch eine individuelle Distanz zur Sonne, somit sind die Temperaturen, Oberflächenbeschaffenheiten und Atmosphären auf jedem Planeten anders.

Der innerste Planet ist Merkur, der auch der kleinste Planet des Sonnensystems ist. Er benötigt 88 Erdentage, um die Sonne einmal zu umrunden. Merkur ist der sonnennächste Planet und hat aufgrund seiner Nähe zur Sonne eine harte Oberfläche, die mit Kratern bedeckt ist. Aufgrund seines Fehlens einer Atmosphäre ist es auf Merkur extrem heiß während des Tages und extrem kalt während der Nacht.

Die Venus ist der zweite Planet und ist der Erde am ähnlichsten. Allerdings bedingt die Atmosphäre der Venus, dass Temperaturen von über 460 Grad Celsius herrschen. Es gibt eine dicke Schicht aus Wolken, die auf der Oberfläche des Planeten drücken und alles verdeckt. In der Venusatmosphäre gibt es auch Säurewolken, stark genug, um Raumfahrzeuge zu beschädigen.

Die Erde ist der dritte Planet von der Sonne entfernt und ist der einzige Planet im Sonnensystem, auf dem Leben bekannt ist. Es gibt Ozeane, Landmassen und eine Atmosphäre, die gerade ausreicht, um den Planeten zu stabilisieren.

Der vierte Planet ist Mars, der Rote Planet. Die Atmosphäre auf Mars ist sehr dünn, aber es gibt bis zu 6000 Meter hohe Berge, die ihn von anderen Planeten im Sonnensystem unterscheiden. Es gibt Hinweise auf Wasser auf Mars, einen Hinweis auf mögliches Leben auf dem roten Planeten in der Vergangenheit.

Jupiter ist der größte Planet und befindet sich am äußeren Rand des Sonnensystems. Jupiter hat keinen vollständigen Boden und besteht hauptsächlich aus Gas. Es gibt auch Stürme und Winde, die sich über die Oberfläche des Planeten bewegen, wie der größte Sturm, der je auf einem Planeten beobachtet wurde, der Große Rote Fleck.

Der Saturn ist bekannt für seine charakteristischen Ringe, die aus Staub, Felsen und Eispartikeln bestehen. Saturn ist der zweitgrößte Planet des Sonnensystems und benötigt fast 30 Erdenjahre, um die Sonne zu umrunden. Er hat auch 53 bekannte Monde.

Uranus ist der siebte Planet vom Sonne entfernt und rotiert seitlich. Dies führt zu extremen Jahreszeiten und einem Magnetfeld, das nicht zentriert ist. Uranus hat auch 27 bekannte Monde und ein charakteristisches bläuliches Aussehen.

Neptun ist der äußerste Planet und benötigt fast 165 Erdenjahre, um die Sonne zu umrunden. Er hat eine unglaublich stürmische Atmosphäre, die das schnellste Windsystem im Sonnensystem aufweist. Auch Neptun hat eine Vielzahl von Monden, von denen der größte, Triton, gefroren ist.

Jeder Planet hat seine eigenen Merkmale, die ihn von den anderen Planeten im Sonnensystem unterscheiden. Ihre unterschiedlichen Eigenschaften und Forschungsgebiete machen das Sonnensystem zu einem faszinierenden Thema in der Astronomie.

DIE ERFORSCHUNG DES SONNENSYSTEMS: RAUMSONDEN UND MISSIONEN

Die Erde ist nicht das einzige Objekt in unserem Sonnensystem - es gibt dort viele Planeten, Asteroiden, Kometen und andere faszinierende Objekte zu entdecken. In den letzten Jahrzehnten haben Raumsonden und Missionen uns geholfen, das Sonnensystem besser kennenzulernen, seine Eigenschaften zu untersuchen und unser Verständnis darüber zu erweitern.

Es gibt viele Gründe, warum man sich dazu entscheidet, Raumsonden und Missionen zu starten, um das Sonnensystem zu erforschen. Zum einen ermöglichen sie uns, mehr Informationen über diese Objekte, einschließlich ihrer Atmosphären, Oberflächen- und Inneren, zu sammeln. Zum anderen können sie uns auch helfen, die Entstehung und die Entwicklung des Sonnensystems besser zu verstehen. Darüber hinaus ist die Erforschung des Sonnensystems eine wichtige Grundlage, um die Zukunftserkundung und Besiedelung des Weltraums vorzubereiten.

Seit den 1960er Jahren wurde eine Vielzahl von Raumsonden und Missionen gestartet, um unsere Nachbarplaneten und andere Objekte in unserem Sonnensystem zu erkunden. Eines der ersten bedeutenden Ereignisse war der Start von Sputnik im Jahr 1957 durch die damalige UdSSR - dies war der erste erfolgreiche Start einer künstlichen Erdumlaufbahn. In den folgenden Jahren starteten sowohl die Sowjetunion als auch die USA eine Vielzahl von Raumsonden und Missionen zu den verschiedenen Planeten und Objekten im Sonnensystem.

Einige der bekanntesten und erfolgreichsten Missionen zur Erforschung des Sonnensystems waren die Viking-Sonden, die die ersten waren, die erfolgreich auf dem Mars landeten und den Planeten genauer untersuchten. Eine weitere erfolgreiche Mission war Voyager 1 und 2, die in den 1970er Jahren zum Jupiter, Saturn, Uranus und Neptun flogen und dabei viele neue Informationen über diese Planeten und ihre Monde entdeckten. Eine der eindrucksvollsten Leistungen von Raumsonden war vielleicht die Landung der Huygens-Sonde auf dem Saturnmond Titan, die Ölseen und andere Landformen entdeckte und der NASA wertvolle Daten lieferte.

In den letzten Jahren wurden auch einige wichtige Missionen durchgeführt. Die NASA-Sonde Dawn umkreiste den Zwergplaneten Ceres im Asteroidengürtel und lieferte Informationen über dessen Oberfläche und Zusammensetzung. Die NASA-Juno-Mission umkreist derzeit den Jupiter und liefert neue Erkenntnisse über die einzigartige Magnetosphäre des Planeten. Eine der neuesten Missionen ist die NASA InSight-Mission, die erfolgreich auf dem Mars gelandet ist und weiterhin wichtige Daten über dessen Geologie und Ebbe- und Flutwellen liefert.

Schließlich gibt es auch Pläne für weitere Raumsonden und Missionen zur Erforschung des Sonnensystems. Die NASA plant, in den nächsten Jahren eine Mission zum Jupitermond Europa zu starten, um den möglichen Ozean unter dessen Eisoberfläche zu untersuchen, während die Europäische Weltraumorganisation (ESA) die ExoMars-Mission hofft, in Kürze Leben auf dem Mars zu entdecken.

Zusammenfassend kann gesagt werden, dass Raumsonden und Missionen eine wichtige Rolle bei der Erforschung unseres Sonnensystems spielen. Diese Missionen haben uns nicht nur ein besseres Verständnis über die Eigenschaften und die Entstehung des Sonnensystems gegeben, sondern auch unser Wissen und unsere Fähigkeiten verbessert, um in der Zukunft weiter in den Weltraum vorzudringen.

DER MOND: GESCHICHTE, LANDSCHAFT UND SEINE AUSWIRKUNGEN AUF UNSER LEBEN

Unser Mond ist einer der bekanntesten Himmelskörper und spielt seit jeher eine wichtige Rolle in vielen Kulturen und Religionen. Der Mond ist auch der einzige natürliche Satellit der Erde und hat schon viele Jahrhunderte lang die Menschen begeistert. In diesem Kapitel werden wir uns damit beschäftigen, wie der Mond entstanden ist, welche Landschaft er hat und wie seine Phasen unser Leben beeinflussen.

Der Mond ist vor etwa 4,5 Milliarden Jahren entstanden. Die gängigste Theorie besagt, dass er durch eine Kollision zwischen der jungen Erde und einem anderen Himmelskörper gebildet wurde. Durch die Kollision wurde unser Planet aufgeschmolzen und größere Teile brachen ab und bildeten den Mond. Der entstehende Mond wurde von der Anziehungskraft der Erde gehalten und blieb somit in ihrer Umlaufbahn.

Die Oberfläche des Mondes ist von Kratern, Bergen und Tälern geprägt. Die Krater entstanden durch Einschläge von Meteoriten und sind oft hunderte von Kilometern groß. Einige der Berge auf dem Mond erreichen Höhen von bis zu 7 Kilometern und es gibt auch Täler, die bis zu 4 Kilometer tief sind. Die Mondoberfläche ist ohne Atmosphäre und deshalb können sich keine Wind- oder Wassererosion bewirken. Der Mond ist auch geologisch tot, es gibt kein Vulkanausbrüche oder Plattentektoniken.

Die verschiedenen Phasen des Mondes haben Einfluss auf unser Leben. Der Mond benötigt etwa 29,5 Tage, um die Erde zu umrunden. Wenn der Mond zwischen der Erde und der Sonne steht, sehen wir den Neumond und wenn er auf der gegenüberliegenden Seite steht, sehen wir den Vollmond. Der Vollmond wird oft mit mystischen Ereignissen in Verbindung gebracht. Es gibt auch die Theorie, dass es während der Vollmondnächte mehr Verbrechen gibt.

Die Erforschung des Mondes hat auch eine wichtige Rolle in der Geschichte der Weltraumforschung gespielt. Der erste bemannte Flug zum Mond fand 1969 statt, als die Crew von Apollo 11 das erste Mal auf dem Mond landete. Seither folgten noch 5 weitere bemannte Mondmissionen der NASA. Die Apollo-11-Mission hat uns auch das berühmte Zitat von Neil Armstrong gebracht: „Ein kleiner Schritt für den Menschen, ein großer Sprung für die Menschheit."

Insgesamt hat die Erforschung des Mondes zur Entwicklung zahlreicher Technologien und zur Verbesserung unseres Verständnisses des Universums beigetragen. Der Mond bleibt weiterhin ein wichtiger Himmelskörper, der in vielen Kulturen und Wissenschaften eine bedeutende Rolle spielt.

LEBEN AUF ANDEREN PLANETEN: HABEN WIR BEREITS BEWEISE FÜR AUSSERIRDISCHES LEBEN?

Die Frage nach dem Leben auf anderen Planeten ist so alt wie die Astronomie selbst. Seit Jahrhunderten blicken wir auf den Nachthimmel und fragen uns, ob wir allein sind oder ob es irgendwo da draußen eine Form des Lebens gibt. Bis vor ein paar Jahrzehnten war diese Frage rein spekulativ und theoretisch, aber heute haben wir mehr Beweise und Daten als je zuvor, die darauf hindeuten, dass Leben auf anderen Planeten möglich ist.

Einer der ersten Schritte bei der Suche nach Leben im Universum ist die Suche nach Planeten, die potenziell bewohnbar sind. Solche Planeten werden oft als "erdähnliche" Planeten bezeichnet, da sie unsere eigene Erde in verschiedenen Kategorien wie Größe, Zusammensetzung und Entfernung zur Sonne ähneln. Bis heute haben wir Tausende solcher Planeten entdeckt, von denen einige in der habitablen Zone um ihre Sterne liegen - eine Zone, in der die Temperaturen mild genug sind, um flüssiges Wasser auf der Planetenoberfläche zu erhalten, was als notwendige Voraussetzung für das Leben, wie wir es kennen, angesehen wird.

Während wir noch keine eindeutigen Beweise für Leben auf einem anderen Planeten haben, gibt es einige aufregende Entdeckungen, die darauf hindeuten, dass wir auf dem richtigen Weg sind. Beispielsweise haben Forscher Spuren von flüchtigen organischen Verbindungen auf dem Mars gefunden, die ein Hinweis darauf sein könnten, dass es auf dem Planeten früher Leben gab oder sogar immer noch gibt. In der Tat hat der

NASA-Rover Curiosity Hinweise auf unterirdische Salzwasserseen entdeckt, die weitere Möglichkeiten für das Vorhandensein von Leben auf dem Mars aufdecken könnten.

Darüber hinaus haben Wissenschaftler in der Atmosphäre von Exoplaneten Spuren von Sauerstoff und Methan entdeckt - Gase, die auf der Erde hauptsächlich von lebenden Organismen produziert werden. Dies ist ein Hinweis darauf, dass es möglicherweise Leben auf diesen Planeten gibt. Allerdings gibt es immer noch viele Fragen zu beantworten, bevor wir in der Lage sein werden, außerirdisches Leben unzweifelhaft zu beweisen oder zu widerlegen.

Zusammenfassend lässt sich sagen, dass wir zwar noch keine klare Antwort darauf haben, ob es tatsächlich Leben auf anderen Planeten gibt, aber wir haben viele Hinweise darauf gefunden, dass diese Möglichkeit besteht. Wenn wir weiterhin Fortschritte in der Astronomie und der Suche nach habitablen Planten machen, wird unser Verständnis für das Universum und das Leben darin sicherlich erweitert. Wer weiß, vielleicht sind wir nicht allein im Universum.

DIE SUCHE NACH EXOPLANETEN: WIE WERDEN SIE ENTDECKT UND WIE KÖNNEN WIR SIE UNTERSUCHEN?

In der Vergangenheit war die Suche nach Exoplaneten ein mühsames Unterfangen. Es war schwierig, diese Planeten zu entdecken, da sich ihre Sterne oft in einer Entfernung von Lichtjahren befinden und ihre Strahlen das Licht des Sterns überstrahlen. Glücklicherweise haben technologische Fortschritte in den letzten Jahrzehnten die Entdeckung von Exoplaneten erleichtert. Inzwischen wissen wir, dass es viele Sterne gibt, die Planeten in unserem Sonnensystem ähneln.

Die Entdeckung von Exoplaneten begann im Jahr 1992 mit der Entdeckung des Planeten "PSR B1257 + 12b" um den Pulsar B1257 + 12 im Sternbild Jungfrau. Seitdem haben Astronomen Hunderte von Exoplaneten gefunden, und es wird angenommen, dass es im gesamten Universum mehrere Milliarden Planeten geben kann.

Es gibt verschiedene Methoden, um Exoplaneten zu entdecken, und jede Methode hat ihre Vor- und Nachteile. Die gebräuchlichsten Methoden umfassen:

1. Transitmethode: Bei dieser Methode beobachten Astronomen den Stern, um zu sehen, ob sich ein Planet vor ihm vorbeibewegt. Wenn der Planet vorbeizieht, wird das Licht des Sterns ein wenig gedimmt. Dieser Effekt kann durch das Aufzeichnen von Lichtkurven erkannt werden.

2. Radialgeschwindigkeitsmethode: Diese Methode verwendet die

Dopplerverschiebung, um die Bewegung des Sterns zu messen. Diese Technik ermöglicht es den Astronomen, die Masse des Planeten zu bestimmen, indem sie beobachten, wie seine Schwerkraft das Sternensystem beeinflusst.

3. Gravitationsmikrolinsen-Methode: Bei dieser Methode wird das Licht eines entfernten Sterns durch einen Planeten um den Stern in der Nähe des Lichtweges des Sterns gebogen. Der Planet erzeugt eine gravitative Verzerrung des Sternenlichts, und diese Verzerrung kann von Astronomen erfasst werden.

Sobald ein Exoplanet gefunden wurde, können Astronomen die zusammengesetzten Gase in der Atmosphäre des Planeten untersuchen, um seine Zusammensetzung zu bestimmen. Zum Beispiel enthält die Atmosphäre von Venus Kohlendioxid, während Jupiter eine Reihe von Gasen wie Helium und Wasserstoff enthält. Darüber hinaus können Wissenschaftler nach Anzeichen für Leben suchen, indem sie nach Spuren von flüssigem Wasser und anderen Chemikalien suchen, die für das Leben notwendig sind.

Die Suche nach Exoplaneten hat unser Wissen über das Universum erweitert und hat uns in die Lage versetzt, mehr darüber zu erfahren, wie Planetensysteme und die Bewohnbarkeit von Planeten funktionieren. In naher Zukunft werden innovative Techniken und fortschrittliche Teleskope es uns ermöglichen, die Entdeckung von Exoplaneten noch weiter zu erleichtern und unser Verständnis des Universums weiter zu vertiefen.

DAS ENDE DES UNIVERSUMS: WAS PASSIERT IN FERNEN ZUKÜNFTEN MIT UNSEREM UNIVERSUM?

Es gibt viele spekulative Theorien darüber, was am Ende des Universums passieren wird, einige dieser Theorien basieren auf wissenschaftlicher Forschung und andere auf reiner Fantasie. Die meisten Theorien beziehen sich auf die Endphase des Universums, die nach Milliarden von Jahren eintreten wird, wenn das Universum seine maximale Entropie erreicht hat.

Die Entropie ist ein Begriff aus der Thermodynamik, der den Grad der Unordnung misst. Wenn das Universum seine maximale Entropie erreicht, wird es einen Zustand der vollständigen Unordnung erreicht haben und es wird keine weiteren Energieströme geben. Zu diesem Zeitpunkt wird es keine Möglichkeit geben, Arbeit zu erledigen oder Energie zu nutzen, um etwas zu bewegen oder zu ändern. Das bedeutet, dass das Universum zu einem Zustand der absoluten Stille verfallen wird.

Es gibt mehrere Theorien darüber, was am Ende des Universums passieren wird. Eine der bekanntesten Theorien umfasst das Konzept des "Heat Death". Diese Theorie sagt voraus, dass das Universum durch die Entropie und die fortlaufende Abkühlung letztendlich einen Zustand erreichen wird, in dem es kein freies Energiepotential mehr gibt. Alle Sterne werden erloschen sein und alle Planeten und Galaxien werden verdampft sein. Das gesamte Universum wird eine gleichmäßige Temperatur haben, die nahe dem absoluten Nullpunkt liegt.

Eine weitere Theorie schlägt vor, dass das Universum am Ende von einem "Big Crunch" betroffen sein wird. Dieses Konzept basiert auf der Idee, dass die Expansion des Universums eines Tages umkehren wird und das Universum in sich selbst zusammenstürzen wird. Ein solcher Zusammenbruch würde gigantische Mengen an Energie freisetzen und könnte ein neues Universum schaffen.

Es gibt auch eine Theorie, die besagt, dass das Universum durch den Einfluss von Schwarzen Löchern stirbt. Wenn ein Supermassives schwarzes Loch aktiv wird, setzt es enorme Mengen an Strahlung und Materie frei, die nahe gelegene Sterne und Planetensysteme zerstören können. Wenn sich genügend schwarze Löcher bilden oder aktiv werden, könnte das Universum buchstäblich fragmentiert werden.

Es bleibt abzuwarten, welche dieser Theorien am Ende wahr ist, aber unabhängig davon, welche Theorie sich am Ende durchsetzt, wird das Ende des Universums ein epochales Ereignis sein, das die Grenzen unseres Verständnisses von Raum und Zeit überschreitet.

DIE HINTERGRÜNDE DER STARGAZING: WIE MAN DEN NACHTHIMMEL BEOBACHTET, STERNKARTEN ETC.

Gleichzeitig faszinierend und tröstlich, ist der unendliche Nachthimmel eine der schönsten und geheimnisvollsten Phänomene, die wir als Menschheit beobachten können. Es gibt kein besseres Gefühl als draußen zu stehen, den Kopf in den Nacken zu legen und den nächtlichen Ausblick auf Milliarden von Sternen zu beobachten, die hoch oben strahlen.

Das Stargazing ist eine wunderbare Möglichkeit, in diese anmutige Welt einzutauchen, und jeder, angefangen von erfahrenen Sternbeobachtern bis hin zu Anfängern, kann diesem Hobby nachgehen. Obwohl ein wenig Hintergrundwissen erforderlich ist, gibt es viele Ressourcen und Tools, die dabei helfen können, die Fähigkeiten und das Wissen zu erweitern und zu vertiefen.

Zuerst sollte man sich darüber im Klaren sein, dass das Beobachten des Nachthimmels ein Ereignis ist, das immer wieder anders ist; keine Nacht gleicht der vorherigen. Sterne und Planeten erscheinen zu unterschiedlichen Zeiten, und ihre Helligkeit kann von Nacht zu Nacht sowie von Ort zu Ort variieren. Im Folgenden finden Sie nun einige Vorschläge, wie Sie das Stargazing richtig genießen können.

1. Die Verwendung von Sternkarten

Der erste Schritt beim Stargazing ist die Kenntnis einiger

Hintergründe über den Nachthimmel. Eine Sternkarte ist ein guter Einstiegspunkt, um mit der Beobachtung des Himmels zu beginnen. Eine Sternkarte zeigt Ihnen, dass sich Sterne und Planeten auf dem Himmel um unser Sonnensystem drehen und hilft Ihnen, diese mit den bekannten Sternebildern in Zusammenhang zu setzen. Die meisten Sternkarten zeigen auch die Positionen der Planeten sowie die zeitliche Abfolge bestimmter Ereignisse, wie z.b. meteorischer Aktivitäten.

2. Der richtige Standort

Wenn man den Nachthimmel beobachtet, ist es wichtig, an einem Ort mit möglichst wenig Lichtverschmutzung zu sein. In städtischen Gebieten kann dies schwierig sein, daher kann es hilfreich sein, beispielsweise auf einen nahegelegenen Berg oder eine Landstraße zu fahren. Obwohl der Nachthimmel auch von ländlichen Gebieten aus gesehen werden kann, kann es hier manchmal zu sehr dunklen und weit entfernten Orten kommen, an denen die Beobachtung des Himmels durch Bäume oder Objekte beeinträchtigt wird.

3. Die richtige Ausrüstung

Für Anfänger ist es am besten, mit bloßem Auge zu beginnen und zu lernen, die verschiedenen Sternbilder zu identifizieren. Für eine genauere Beobachtung können Sie jedoch auch ein Teleskop verwenden. Teleskope gibt es in verschiedenen Größen und Preisklassen und das richtige Teleskop hängt von Ihren speziellen Bedürfnissen ab. Einige Teleskope können nur zur Beobachtung von Sternen verwendet werden, während andere auch zur Beobachtung von Planeten oder Monden eingesetzt werden können.

4. Der richtige Zeitpunkt

Um das Stargazing genießen zu können, ist es wichtig, die richtige Zeit zu wählen. Vor dem Sonnenuntergang ist es oft zu hell, um Sterne zu sehen, während im Frühjahr und Herbst die Milchstraße häufig sichtbar ist, da sie in diesen Jahreszeiten am höchsten am Himmel erscheint. In den Wintermonaten können Sie Planeten wie das Wunderschöne Orion-Nebel und Jupiter sichtbar machen.

Abschließend ist das Stargazing ein wunderbares Hobby, das jeder genießen kann. Es ist eine großartige Möglichkeit, die Schönheiten und den Reichtum des Universums zu entdecken und gleichzeitig eine tiefe Wertschätzung für die Wissenschaft und Astronomie zu entwickeln.

DIE ASTRONOMIE IN DER KULTUR: ASTRONOMIE IN DER GESCHICHTE UND IM FILM

Die Astronomie hat nicht nur einen wichtigen Platz in der Wissenschaft, sondern auch in der Kultur. Von der Geschichte alter Zivilisationen bis hin zu modernen Blockbuster-Filmen hat die Astronomie einen besonderen Platz in der menschlichen Vorstellungskraft.

Astronomie hat eine lange und reiche Geschichte in der menschlichen Kultur. Gelehrte in alten Zivilisationen wie den alten Griechen, Ägyptern, Persern und Babyloniern hatten eine bemerkenswerte Vorstellungskraft und wurden als sehr gut informiert und fortschrittlich angesehen. Sie nutzten das Wissen über den Nachthimmel, um Kalender und astronomische Beobachtungen zu erstellen. Zum Beispiel haben die alten Ägypter um 2500 v.Chr. Beobachtungen des Sirius gemacht, das der hellste Stern am Nachthimmel ist. Sie nutzten diese Beobachtungen, um den Beginn der jährlichen Flut des Nils vorherzusagen, die für ihre Landwirtschaft von entscheidender Bedeutung war. Die alten Griechen nutzten das Wissen der Babylonier, um ihre eigene Vorstellungskraft und Wissenschaft zu pflegen. Der Astronom Hipparchus entdeckte etwa 130 v.Chr., dass die Positionen der Sterne sich im Laufe der Jahrhunderte ändern. Dieses Wissen war nicht nur für die Wissenschaft, sondern auch für die Navigation auf See von unschätzbarem Wert.

In der modernen Kultur hat die Astronomie immer noch einen hohen Stellenwert. Einige der bekanntesten Science-Fiction-Filme und -Serien, wie Star Wars und Star Trek, sind zwar fiktiv, haben aber berühmte Anleihen aus der Astronomie und der Astrophysik, wie der Hyperraum oder Warp-Antrieb, die es ermöglichen, schneller als das Licht zu reisen. Auch in der Popkultur gibt es viele Referenzen zur Astronomie, wie in der bekannten TV-Serie The Big Bang Theory, in der einige der Hauptfiguren stolze Amateur-Astronomen sind.

Viele Leute nutzen die Himmelsbeobachtung, um eine Verbindung zur Natur zu spüren, um eine Pause vom Leben zu nehmen oder um die Schönheit des Nachthimmels zu erleben. Wenn man in der Stadt lebt, ist es jedoch schwer, eine klare Sicht auf den Nachthimmel zu bekommen. Es gibt jedoch viele Orte auf der Welt, insbesondere in ländlichen Gebieten, wo man eine perfekte Nachtsicht genießen kann. Es gibt auch digitale Planetarien in vielen Städten, in denen Besucher den Nachthimmel und die Sterne des Universums erleben können, ohne den Komfort ihres eigenen Zuhauses verlassen zu müssen.

Insgesamt ist die Astronomie ein wichtiger Bestandteil der menschlichen Kultur und Geschichte. Obwohl moderne Technologie uns eine bessere Sicht auf den Nachthimmel ermöglicht, bleibt unser Verständnis und unsere Begeisterung für den Kosmos für immer ein wichtiger Teil unserer kollektiven Vorstellungskraft.

ASTRONOMISCHE ENTDECKUNGEN: DIE WICHTIGSTEN ENTDECKUNGEN UND IHRE KONSEQUENZEN

Die Astronomie hat uns im Laufe der Geschichte viele erstaunliche Entdeckungen beschert, die unser Verständnis des Kosmos und unseres Platzes darin erweitert haben. Hier sind einige der wichtigsten astronomischen Entdeckungen und ihre Konsequenzen:

1. Heliozentrisches Weltbild: Nicolaus Copernicus und Galileo Galilei waren die ersten, die das geozentrische Weltbild widerlegten, indem sie argumentierten, dass die Sonne das Zentrum unseres Sonnensystems ist. Diese Entdeckung stellte die etablierten Glaubenssätze in Frage und eröffnete neue Möglichkeiten für unser Verständnis von Planeten und anderen Himmelskörpern.

2. Gesetze der Bewegung: Isaac Newton postulierte, dass die Kräfte, die den Apfel vom Baum fallen lassen, auch für die Bewegung von Himmelskörpern verantwortlich sind. Seine drei Gesetze der Bewegung haben zur Entwicklung von Raumfahrt- und Astronomietechnologien beigetragen.

3. Spektroskopie: Durch die Untersuchung des Lichts von Sternen können wir Informationen über ihre Zusammensetzung und Temperatur gewinnen. Dies führte zur Entdeckung von Elementen wie Helium und Wasserstoff und half bei der Entwicklung neuer Theorien über die Entstehung von Sternen.

4. Entdeckung von Planeten außerhalb unseres Sonnensystems:

Die Entdeckung von Exoplaneten hat unser Verständnis des Universums sehr beeinflusst und gezeigt, dass viele andere Planetensysteme anders funktionieren als unser eigenes. Es könnte auch andeuten, dass das Leben im Universum nicht so selten ist, wie bisher angenommen.

5. Kosmische Hintergrundstrahlung: Die Entdeckung der kosmischen Hintergrundstrahlung, die nach dem Urknall residual vorhanden ist, hat uns einen Einblick in die ersten Momente des Universums gegeben. Es half auch zu bestimmen, dass unser Universum für etwa 13,8 Milliarden Jahre alt ist.

6. Schwarze Löcher: Das Konzept von Schwarzen Löchern wurde entdeckt und hat zu einer besseren Vorstellung von physikalischer Gravitation und Raumzeit-Geometrie beigetragen. Außerdem konnten durch Erforschung dieser Gebiete auch viele astronomische Phänomene wie Sternexplosionen und Galaxienentstehung besser verstanden werden.

Diese Entdeckungen sind nur einige Beispiele für den enormen Einfluss der Astronomie auf unser Verständnis des Universums. Durch die weitere Erforschung des Kosmos und die Fortschritte in Technologie und Wissenschaft werden sicherlich noch viele weitere Entdeckungen gemacht werden.

DIE ROLLE DER ASTRONOMIE IN DER MODERNEN WISSENSCHAFT

Die Astronomie hat seit Jahrtausenden eine wichtige Rolle in der Wissenschaft gespielt. Sie hat nicht nur unser Verständnis des kosmischen Lebens erweitert, sondern auch einen enormen Einfluss auf andere wissenschaftliche Bereiche wie Physik und Mathematik gehabt. In diesem Kapitel wollen wir uns damit beschäftigen, wie sich die Astronomie in der modernen Wissenschaft widerspiegelt und welche Beiträge sie in der Mathematik und Physik leistet.

Die Entdeckung von Planeten und Sternen hat zu wichtigen Fortschritten in der Physik geführt. Einige der bekanntesten Beispiele sind die Entdeckung von Gravitationswellen, die Relativitätstheorie von Albert Einstein und die Quantenphysik. Die Astronomie hat auch dazu beigetragen, unser Verständnis von Teilchen und kosmischer Strahlung zu erweitern.

Die Physik hilft uns, grundlegende Gesetze der Natur zu verstehen, wie beispielsweise die Gesetze der Bewegung und die Newtonsche Gravitationsgesetze. Die Astronomie hilft uns, diese Gesetze in der Realität anzuwenden, indem sie uns Informationen über die kosmischen Gegenstände liefert. Die Himmelsmechanik spielt hierbei eine zentrale Rolle. Sie beschäftigt sich mit der Bewegung von Objekten im Raum und deren Wechselwirkungen. Um die Bewegung von Objekten im Weltraum genau zu untersuchen, müssen beispielsweise relativistische Effekte berücksichtigt und Einsteins Theorie der allgemeinen Relativität verwendet werden.

Mathematik ist eines der wichtigsten Werkzeuge in der Astronomie. Ohne mathematische Formeln und Berechnungen können wir keine Schlüsse aus den beobachteten Phänomenen ziehen. Astronomen verwenden komplexe mathematische Modelle, um die Bewegungen von Objekten im Raum vorherzusagen und diese mit beobachteten Daten zu vergleichen. Die Anwendung von Mathematik in der Astronomie hilft auch bei der Entwicklung von Technologien wie der Bildverarbeitung und der Datenanalyse.

Ein weiteres wichtiges Gebiet, in dem die Astronomie die Physik und Mathematik beeinflusst, ist die Kosmologie. Die Kosmologie befasst sich mit der Entstehung, Entwicklung und Struktur des Universums. Sie umfasst Themen wie die Galaxienbildung, die Expansion des Universums und die Erforschung der dunklen Materie und Energie. Durch die Untersuchung und das Verständnis dieser Phänomene tragen Astronomen und Forscher dazu bei, grundlegende Konzepte wie die Natur des Raums und die Zeit zu verstehen.

Zusammenfassend lässt sich sagen, dass die Astronomie eine wichtige Rolle bei der Erweiterung unseres Verständnisses des Universums spielt, indem sie Einblicke in den Aufbau und die Entstehung kosmischer Objekte wie Planeten, Sterne und Galaxien liefert. Die Anwendung der Physik und Mathematik hilft bei der Erklärung der beobachteten Phänomene und unterstützt die Weiterentwicklung von Technologien. Letztendlich leistet die Astronomie einen unverzichtbaren Beitrag zur modernen Wissenschaft.

WIE MAN EIN AMATEUR-ASTRONOM WIRD: TELESKOPE, KAMERAS UND ANDERE AUSSTATTUNGEN

Wenn Sie sich für Astronomie interessieren und den Nachthimmel genauer betrachten möchten, gibt es viele Möglichkeiten, als Amateur-Astronom aktiv zu werden. Hier erfahren Sie, wie Sie eine Ausrüstung auswählen, um Ihre Erforschung des Nachthimmels zu beginnen.

Die Wahl des Teleskops

Ein Teleskop ist die wichtigste Ausrüstung, die jeder Amateur-Astronom benötigt. Wenn Sie Ihr erstes Teleskop kaufen, sollten Sie sich sehr gut informieren, um sicherzustellen, dass Sie das richtige Modell finden. Die beiden Haupttypen von Teleskopen sind das Refraktor- und das Reflektormodell. Refraktoren verwenden Linsen zur Fokussierung des Lichts, während Reflektoren Spiegel verwenden.

Das Refraktormodell ist etwas teurer, aber es ist in der Regel einfacher zu handhaben als das Reflektormodell. Reflektorteleskope geben das beste Bild, aber sie sind etwas schwieriger zu handhaben. Ein weiterer wichtiger Faktor bei der Wahl des Teleskops ist seine Öffnung, also die Größe des Objektivs oder Spiegels. Je größer die Öffnung, desto heller und schärfer ist das Bild, das Sie erhalten, allerdings steigt damit auch der Preis.

Zusätzliche Ausrüstung

Neben dem Teleskop benötigen Sie noch weitere Ausrüstung, um Ihre Erfahrung als Amateur-Astronom zu erweitern und zu verbessern. Ein Stativ und Montierung sind wichtig, um das Teleskop stabil und genau auszurichten. Es gibt auch viele Okulare zur Auswahl, die unterschiedliche Vergrößerungen bieten und auch der Lichtberechnung angepasst werden können. Filter können auch verwendet werden, um spezielle Beobachtungen, wie die Sonne, zu ermöglichen.

Eine Kamera kann auch eine wertvolle Ergänzung sein, um den Nachthimmel in Bildern festzuhalten. Sowohl DSLRs als auch spezielle Astro-Kameras sind erhältlich.

Wie man beginnt

Eine der besten Möglichkeiten, um als Amateur-Astronom zu starten, ist der Besuch einer Sternwarte oder das Hinzufügen einer Astronomiegruppe, um mehr Informationen aus erster Hand zu sammeln. Es ist auch empfehlenswert, ein paar Bücher über die Beobachtung des Nachthimmels und die Verwendung von Teleskopen zu lesen.

Am besten beginnen Sie mit der Beobachtung der Mondphasen und Planeten entlang der Ekliptik. Dies bietet eine gute Basis, um dann auch schwierigere Objekte und Sterne zu erkennen.

Fazit

Das Wichtigste bei der Ausrüstung eines Amateur-Astronomen ist die Forschung vor dem Kauf. Es gibt viele verschiedene Optionen und Modelle, und es kann leicht sein, bei der Wahl des Teleskops oder der Kammer überfordert zu sein. Aber mit der richtigen Ausrüstung und dem richtigen Wissen gibt es nichts Aufregenderes, als den Nachthimmel zu erforschen und seine Geheimnisse zu entdecken.

DIE ZUKUNFT DER ASTRONOMIE: WAS SIND DIE ZIELE UND HERAUSFORDERUNGEN FÜR DIE MODERNE ASTRONOMIE?

Die Astronomie befasst sich mit der Erforschung des Universums und der Objekte, die es bewohnen. Die Fortschritte in der modernen Technologie und Instrumentierung ermöglichen es den Astronomen, immer tiefere Einblicke in die Geheimnisse des Universums zu erhalten. Wichtige Entdeckungen wie die Existenz von schwarzen Löchern und Exoplaneten zeigen, dass es noch so viel zu entdecken gibt.

Die Zukunft der Astronomie ist aufregend und birgt viele Herausforderungen. Astronomen wollen in der Lage sein, neue Planeten und Sterne zu entdecken und zu charakterisieren, indem sie neue und fortgeschrittene Instrumente und Technologien nutzen. Ein wichtiger Schwerpunkt wird auch die Entwicklung von Techniken zur Suche nach Leben auf anderen Planeten sein.

Eine andere wichtige Zukunftsaufgabe der Astronomie ist die Erforschung der Dunklen Materie und Dunklen Energie. Die Astronomen haben bisher nur wenige Hinweise auf diese Phänomene, aber sie stehen vor der Herausforderung, sie zu untersuchen und zu verstehen. Wenn es gelingt Dunkle Materie und Dunkle Energie zu bestimmen, könnte dies wichtige Erkenntnisse über die Entstehung des Universums liefern.

Ein weiterer zukunftsweisender Bereich der Astronomie ist die Erweiterung der menschlichen Präsenz im Weltraum.

Die Bemühungen der NASA und anderer Organisationen zur Erforschung des Mondes und von Mars zeigen, dass es noch so viel zu entdecken gibt und dass wir auf dem Weg sind, weitere Weltraummissionen durchzuführen. Astronomen erwarten, dass die menschliche Präsenz im Weltraum weiter wachsen und das Verständnis unserer kosmischen Umgebung verbessern wird.

Insgesamt ist die Zukunft der Astronomie sehr vielversprechend. Neue Entdeckungen und Erkenntnisse werden dazu beitragen, unser Wissen über das Universum zu erweitern, und neue Technologien und Instrumente werden dazu beitragen, unsere Fähigkeit, das Universum zu studieren, zu verbessern. Es ist nicht übertrieben zu sagen, dass die Astronomie unser Verständnis der Welt, in der wir leben, grundlegend verändern wird.

DIE ZUSAMMENARBEIT DER INTERNATIONALEN ASTRONOMIE-ORGANISATION: WIE ARBEITEN SIE ZUSAMMEN UND WELCHE ERFOLGE GAB ES BEREITS?

Die Astronomie ist eine der wenigen Wissenschaften, die international und über lange Zeiträume hinweg zusammenarbeitet und Daten sammelt sowie analysiert. Eine Organisation, die dabei eine wichtige Rolle spielt, ist die Internationale Astronomische Union (IAU), die 1919 ins Leben gerufen wurde.

Die Mitgliedsorganisationen der IAU sind nationale oder regionale Vereinigungen von Astronomen. Die IAU organisiert regelmäßig mehrere Konferenzen, um Astronomen aus der ganzen Welt zusammenzubringen und Ergebnisse der wissenschaftlichen Arbeit zu diskutieren. Eine ihrer wichtigsten Aufgaben ist die Benennung von astronomischen Objekten wie Sternen, Exoplaneten, Galaxien und Nebeln.

Eine der bekanntesten Initiativen der IAU war die Entscheidung 2006, Pluto den Status als Planet abzuerkennen und ihn stattdessen in die Gruppe der Zwergplaneten zu klassifizieren. Diese Entscheidung war aufgrund der Kontroversen unter den Astronomen und der Öffentlichkeit sehr umstritten.

Ein weiteres wichtiges Programm der IAU ist das "International Year of Astronomy" (IYA). Im Jahr 2009 wurde das 400-jährige Jubiläum der ersten Verwendung eines Teleskops durch Galileo

Galilei gefeiert. Die IAU organisierte mehrere Veranstaltungen, um die Begeisterung für die Astronomie zu fördern und das öffentliche Bewusstsein für die Bedeutung der Wissenschaft zu erhöhen.

Die Zusammenarbeit der internationalen Astronomie-Organisationen hat viele Fortschritte in der Astronomie ermöglicht. Ein gutes Beispiel ist das Hubble-Weltraumteleskop, das gemeinsam von der NASA und der Europäischen Raumfahrtorganisation (ESA) betrieben wird. Das Hubble-Teleskop hat einige der spektakulärsten Bilder des Universums aufgenommen und die Wissenschaftlerinnen und Wissenschaftler bei der Entdeckung neuer Himmelskörper und Phänomene unterstützt.

Die Zusammenarbeit der internationalen Astronomie-Organisationen geht jedoch über das Teilen von Daten und der Anwendung fortschrittlicher Technologien hinaus. Eines der wichtigsten Ziele der IAU ist es, die Zusammenarbeit zwischen Astronominnen und Astronomen auf der ganzen Welt zu fördern, um eine bessere Kenntnis des Universums zu erlangen und unsichtbare Welten zu entdecken.

Ein weiteres Ziel der IAU ist es, das öffentliche Interesse an der Astronomie und die Bildung in diesem Bereich zu fördern. Die Erforschung des Kosmos ist eine endlose Quelle der Faszination, die die Menschheit seit Jahrtausenden beschäftigt. Die Internationale Astronomische Union ist ein starkes Instrument, um diese Faszination zu fördern und das Potenzial der Astronomie zur Verbesserung unseres Verständnisses der Welt und des Universums, in dem wir leben, zu nutzen.

KARRIEREMÖGLICHKEITEN IN DER ASTRONOMIE: WO KÖNNEN SICH BERUFSEINSTEIGER ENGAGIEREN UND WELCHE MÖGLICHKEITEN HABEN SIE?

Die Astronomie bietet verschiedene Karrieremöglichkeiten für Menschen mit einem Interesse an der Erforschung des Universums. Die meisten Astronomen haben entweder einen Doktortitel in Astronomie oder in einem verwandten Bereich wie Physik oder Mathematik. Hier sind einige Karrieremöglichkeiten in der Astronomie:

1. Forscher: Astronomen, die an Universitäten, Regierungseinrichtungen oder privaten Forschungseinrichtungen arbeiten, führen Forschung durch, um neue Entdeckungen im Fachgebiet zu machen. Sie nutzen Teleskope und andere Instrumente, um Daten zu sammeln und zu analysieren.

2. Lehrer: Astronomielehrer können an Schulen (Grund-, Sekundar- oder Hochschulbildung) arbeiten. Hier können sie ihre kolossalen Erfahrungen im Fachbereich weitergeben und zu einer besseren Verbreitung und Verständnis von Astronomie beitragen.

3. Planetariumsführer: Für Menschen mit einer Leidenschaft für Astronomie und einer Fähigkeit, komplexe Konzepte leicht zu erklären, können Planetariumsführer eine ideale Karriere sein. Sie leiten Gruppen von Besuchern durch das Planetarium und vermitteln ihnen astronomische Konzepte

wie Planetenkonstellationen, Sonnen- und Mondfinsternisse und Sternbilder.

4. Raumfahrt-Ingenieur: Für Menschen, die mehr an der Anwendung der Astronomie in der Raumfahrt interessiert sind, bietet diese Karriere einen aufregenden Weg, um ihre Fähigkeiten zu nutzen. Raumfahrt-Ingenieure entwerfen und entwickeln Raumfahrzeuge, Satelliten und andere Technologien, die die Entdeckung des Universums unterstützen.

5. Datenanalyst: Mit der Fülle an Daten, die ständig von Teleskopen und anderen Instrumenten gesammelt wird, sind Datenanalysten immer in aufstrebender Nachfrage. Diese Position erfordert fortgeschrittene Kenntnisse in Statistik, um große Datenmengen zu verarbeiten und zu analysieren, um wissenschaftliche Erkenntnisse zu gewinnen.

Es gibt viele verschiedene Universitäten, um Astronomie zu studieren, und es gibt auch Sommerkurse und andere Programme, die sich speziell an junge Menschen oder Studenten richten, die an einer Astronomie-Karriere interessiert sind.

Unabhängig von der Karriere oder Schullaufbahn sollte eine erfolgreiche Astronomie-Karriere über eine solide wissenschaftliche Ausbildung und Praktikumserfahrung verfügen.

Einige Orte, an denen Studierende Praktika absolvieren können, sind Observatorien, Forschungseinrichtungen, Planetarium und Universitäten. Die meisten Astronomen haben auch im Laufe ihrer Karriere einige wissenschaftliche Veröffentlichungen publiziert.

Aber auch unabhängig von einer Karriere in der Astronomie, können Amateur-Astronomen ihre Leidenschaft für das Fachgebiet ausleben. Viele Amateur-Astronomen nutzen Teleskope und verfassen Beobachtungsberichte sowie fotografieren astronomische Objekte. Außerdem gibt es viele astronomische Vereine und Organisationen, die regelmäßig Treffen organisieren und thematische Veranstaltungen organisieren.

MUSEEN UND OBSERVATORIEN: DIE INTERESSANTESTEN AUSSTELLUNGEN UND EXPONATE.

Museen und Observatorien sind Orte, an denen jeder die Möglichkeit hat, in die Welt der Astronomie einzutauchen und mehr über unser Universum zu erfahren. In dieser letzten Kapitel werden einige der interessantesten Ausstellungen und Exponate weltweit vorgestellt.

Eines der bekanntesten Observatorien ist das Mauna Kea Observatorium auf Hawaii, das in den 1960er Jahren erbaut wurde. Das Observatorium liegt auf einem Berggipfel und bietet einen erstklassigen Blick auf den Nachthimmel. Hier können die Besucher verschiedene Teleskope besichtigen und auch Führungen oder geführte Beobachtungen der Sterne und Planeten buchen.

Ebenfalls in den USA findet man das Griffith Observatory in Los Angeles, das nicht nur eine beeindruckende Architektur hat, sondern auch eine Vielzahl von Teleskopen, Vorführungen und Exponaten, die den Besuchern einen Einblick in die verschiedenen Aspekte der Astronomie geben.

In Europa kann das CosmoCaixa Science Museum in Barcelona, Spanien, besucht werden. Hier findet man eine interessante Sammlung von astronomischen Geräten wie Teleskope, sowie viele interaktive Exponate, die die Besucher in die Welt der Astronomie einführen.

In London befindet sich das Royal Observatory Greenwich, das ein wichtiger Beitrag zur Astronomiehistorie geleistet hat. Es ist Heimat des Harrison-Uhrenmuseums, das die Chronometer derer zeigt, die den meridianbasierten Weltzeitstandard einführten, sowie des Peter-Harrison Planetariums, das regelmäßig Vorführungen und Veranstaltungen anbietet.

In Deutschland kann man sich das Planetarium in Hamburg ansehen. Es verfügt über eine der größten Kuppeln der Welt, von der aus man realistische simulierter Darstellungen der Sterne und Planeten sehen kann. Auch das Deutsche Museum in München hat eine bedeutende Sammlung von astronomischen Geräten und bietet einige interaktive Ausstellungen zur Astronomie.

Zuletzt gibt es das National Air and Space Museum in Washington D.C., das eine Vielzahl von interaktiven Exponaten und Artefakter über die Geschichte der Luft- und Raumfahrt anbietet. Hier sind Modelle unserer Sonnensystem, Raketen, Satelliten sowie Kapseln aus der frühen Raumfahrtzeit zu bestaunen.

Besuche in Museen und Observatorien können eine faszinierende und lohnende Erfahrung sein. Sich den Nachthimmel genauer anzuschauen, die Entdeckungen der Astronomie kennen zu lernen und mehr über unser Universum zu erfahren ist ein einzigartiges Abenteuer.